essentials

Essentials liefern aktuelles Wissen in konzentrierter Form. Die Essenz dessen, worauf es als „State-of-the-Art" in der gegenwärtigen Fachdiskussion oder in der Praxis ankommt. Essentials informieren schnell, unkompliziert und verständlich

- als Einführung in ein aktuelles Thema aus Ihrem Fachgebiet
- als Einstieg in ein für Sie noch unbekanntes Themenfeld
- als Einblick, um zum Thema mitreden zu können.

Die Bücher in elektronischer und gedruckter Form bringen das Expertenwissen von Springer-Fachautoren kompakt zur Darstellung. Sie sind besonders für die Nutzung als eBook auf Tablet-PCs, eBook-Readern und Smartphones geeignet.

Essentials: Wissensbausteine aus Wirtschaft und Gesellschaft, Medizin, Psychologie und Gesundheitsberufen, Technik und Naturwissenschaften. Von renommierten Autoren der Verlagsmarken Springer Gabler, Springer VS, Springer Medizin, Springer Spektrum, Springer Vieweg und Springer Psychologie.

Jürgen Beetz

Differentialrechnung für Höhlenmenschen und andere Anfänger

Die mathematische Behandlung kleinster Änderungen

Jürgen Beetz
Berlin
Deutschland

ISSN 2197-6708   ISSN 2197-6716 (electronic)
essentials
ISBN 978-3-658-08484-4   ISBN 978-3-658-08485-1 (eBook)
DOI 10.1007/978-3-658-08485-1

Die Deutsche Nationalbibliothek verzeichnet diese Publikation in der Deutschen Nationalbibliografie; detaillierte bibliografische Daten sind im Internet über http://dnb.d-nb.de abrufbar.

Springer Spektrum

Gedruckt auf säurefreiem und chlorfrei gebleichtem Papier

Springer Fachmedien Wiesbaden ist Teil der Fachverlagsgruppe Springer Science+Business Media
(www.springer.com)

Was Sie in diesem Essential finden können

- Das Differential als Maß für die Veränderung einer Funktion
- Die Praxis der Differentialrechnung, dargestellt an verschiedenen Beispielen
- Die besonderen Eigenschaften der Exponentialfunktion

Vorwort

Inhalt dieses „*essentials*" ist hauptsächlich das achte der insgesamt 13 Kapitel meines Buches „$1 + 1 = 10$. Mathematik für Höhlenmenschen" (Beetz 2012, S. 203–224).[1] Das Kapitel hat den Originaltitel „8. Eddi E. lernt zu differenzieren – Differentialrechnung und kleinste Größen". Weitere Kapitel des Buches beschäftigen sich mit Funktionen, Grafiken, Folgen und Reihen, Integralrechnung, Statistik und Wahrscheinlichkeitsrechnung und Philosophie der Mathematik – mehr oder weniger Abitursstoff und zusammen „das, was man über Mathematik wissen sollte" (zuzüglich vieler amüsanter Geschichten und sogar eines Ausblicks aus der Steinzeit in die moderne Informatik).

Mehr als die einfache Logik eines Frühmenschen brauchen Sie nicht, um die Grundzüge der Algebra zu verstehen. Denn Sie treffen in diesem Werk viele einfache, fast gefühlsmäßig zu erfassende mathematische Prinzipien des täglichen Lebens. Wir sind zwar „im Grund noch immer die alten Affen", wie es ein Dichter formulierte, aber unser Gehirn ist schon das eines *homo sapiens*.[2] Die Mathematik ist ja eine Wissenschaft des Geistes, nicht der Experimente und nicht der Technik. Man braucht nur ein Gehirn dazu, genauer: rationales Denken.

Deswegen kann ich bei dem Versuch, Mathematik „begreiflich" zu machen, in die Steinzeit zurückgehen – genauer gesagt: etwa in die Jungsteinzeit, zufällig 7986 v. Chr., also vor genau 10.000 Jahren. Jäger und Sammler waren zu Bauern und Viehzüchtern geworden. Dorfgemeinschaften, Rundhäuser und eine arbeits-

---

[1] Hierbei wurden die Unterkapitel des Originals zu Kapiteln hier und die Zwischenüberschriften zu Unterkapiteln.

[2] Gedicht von Erich Kästner (1899–1974): Die Entwicklung der Menschheit. Quelle: http://www.gedichte.vu/?die_entwicklung_der_menschheit.html.

teilige Gesellschaft existierten bereits. Dort treffen Sie Eddi Einstein (wie konnte ein Top-Mathematiker in der Jung*steinzeit* auch anders heißen!?), den Denker und Rudi Radlos, den Erfinder (die paradoxe Bedeutung dieses Namens rührt daher, dass er gerade das Rad *nicht* erfunden hatte). Die „drei" galt damals bereits als eine magische Zahl – aber ich greife vor: Die „Zahl" als abstraktes Gebilde war auch noch nicht erfunden. Etwas Magisches also. Wie dem auch sei, ein *dritter* Geselle gehörte zu der Truppe: Siegfried „Siggi" Spökenkieker, der Druide und Seher.[3]

Siggis Rolle ist eine bedeutende: Man glaubte damals noch an Determinismus und Vorbestimmung – da traf es sich gut, dass der Seher mit der Gabe der Präkognition gesegnet war.[4] So können wir Eddi, den Denker, mit Erkenntnissen ausstatten, die erst Jahrtausende später von bedeutenden Philosophen und Mathematikern erlangt worden waren.

Die wahre Meisterin dieser Wissenschaftsdisziplin ist jedoch Wilhelmine Wicca, meist „Willa" genannt. Sie ist die erste Mathematikerin der Geschichte und würde es auch lange bleiben.[5] Zu Unrecht, wie man weiß, benutzt eine Frau doch nicht nur eine, sondern *beide* Gehirnhälften. Und da durch diese Verbindung nach den Regeln der Systemtheorie ein neues Gesamtsystem entsteht („Das Ganze ist mehr als die Summe seiner Teile"), ist es nicht verwunderlich, dass Willa so klug

---

[3] Als Spökenkieker werden im westfälischen und im niederdeutschen Sprachraum, speziell im Emsland, Münsterland und in Dithmarschen, Menschen mit „zweitem Gesicht" bezeichnet. Der Begriff Spökenkieker kann dabei in etwa mit „Spuk-Gucker" oder „Geister-Seher" übersetzt werden. Spökenkiekern wird die Fähigkeit nachgesagt, in die Zukunft blicken zu können. Quelle: http://de.wikipedia.org/wiki/Spökenkieker.

[4] Determinismus (lat. *determinare* „abgrenzen", „bestimmen") bezeichnet die Auffassung, dass zukünftige Ereignisse durch Vorbedingungen eindeutig festgelegt sind. Quelle: http://de.wikipedia.org/wiki/Determinismus. Präkognition (lateinisch: vor der Erkenntnis) ist die Bezeichnung für die angebliche Vorhersage eines Ereignisses oder Sachverhaltes aus der Zukunft, ohne dass hierfür rationales Wissen zum Zeitpunkt der Voraussicht zur Verfügung gestanden hätte. Quelle: http://de.wikipedia.org/wiki/Präkognition.

[5] Als erste Mathematikerin überhaupt gilt Hypatia von Alexandria (ca. 355–415), die ein grausiges Ende fand (Quelle: http://de.wikipedia.org/wiki/Hypatia). Die erste Mathematik*professorin*, die russische Mathematikerin Sofja Kowalewskaja (1850–1891), betrat erst 1889 in Stockholm die akademische Bühne. Quelle: http://de.wikipedia.org/wiki/Sofja_Kowalewskaja.

war wie die drei Kerle *zusammen*. Deshalb galt sie auch als Hexe[6] – was damals ein Ehrentitel war – und als weise Frau.

Wir werden die Gedankengänge und Erfahrungen unserer Vorfahren hier verfolgen und nachvollziehen. Ich werde schwierige Gedanken nicht nur in einfache Worte kleiden, sondern sie in kleine verdaubare Häppchen zerlegen. Ein kompliziertes Problem bleibt nämlich kompliziert, auch wenn man es einfach nur umgangssprachlich ausdrückt. Erst die Verringerung des Schwierigkeitsgrades durch Zerlegung in einzelne Teilprobleme schafft Klarheit – ein Vorgehen, das seit jeher zum Prinzip der Naturwissenschaft gehört.

Mathematik ist eine exakte Wissenschaft – mit kleinen „Löchern", die wir noch thematisieren werden. Sie zeichnet sich auch durch eine präzise Schreibweise aus und verschiedene typographische Regeln, die beachtet werden sollten. Aber an diesem Konjunktiv merken Sie schon: *so* ernst wollen wir das hier nicht nehmen. So werden hier manchmal mathematische Größen (wie es in Fachbüchern üblich ist) klein oder groß oder kursiv oder steil geschrieben, manchmal aber auch nicht. Da Sie ja mitdenken, wird Sie das nicht verwirren. Und die kursive Schreibweise verwenden wir auch (wie Sie zwei Sätze weiter oben sehen), um etwas zu betonen und hervorzuheben.

Mathematik ist nicht die merkwürdige Spielwiese lebensfremder Streber mit ungepflegtem Äußeren, sondern sie durchzieht unseren Alltag und ist mit den zentralen Fragen unseres Lebens verbunden: Was hängt wie zusammen? Welche Gesetze bestimmen das Dasein des Menschen und der Natur? Welche Strukturen gibt es und wie kann der menschliche Geist sie in Erkenntnisse umformen? Wie ziehen wir aus unseren Wahrnehmungen angemessene und logische Schlüsse? Von Anfang an war Mathematik deshalb mit der Philosophie verbunden. Deswegen schrieb schon der große Philosoph Platon um 370 v. Chr.: „Und nun, sprach ich, begreife ich auch, nachdem die Kenntnis des Rechnens so beschrieben ist, wie herrlich sie ist und uns vielfältig nützlich zu dem, was wir wollen, wenn einer sie des Wissens wegen betreibt und nicht etwa des Handelns wegen".[7] Allerdings kann ich dem nicht ganz zustimmen – am Ende fehlt ein „nur": „... *nur* des Handelns

---

[6] „Wicca" ist eine neureligiöse Bewegung und versteht sich als eine wiederbelebte Natur- und als Mysterienreligion. Wicca hat seinen Ursprung in der ersten Hälfte des 20. Jahrhunderts und ist eine Glaubensrichtung des Neuheidentums. Die meisten der unterschiedlichen Wicca-Richtungen sind [...] anti-patriarchalisch. Wicca versteht sich auch als die „Religion der Hexen", die meisten Anhänger bezeichnen sich selbst als Hexen. Quelle: http://de.wikipedia.org/wiki/Wicca.

[7] Platons Höhlengleichnis. Das Siebte Buch der Politeia, Abschn. 107. c) Nutzen der Rechenkunst zur Bildung der philosophischen Seele.

wegen". Denn Sie werden sehen, wie viele mathematische Erkenntnisse auch im Alltag praktische Auswirkungen haben.

Naturwissenschaftliche Kenntnisse gehören nicht zur Bildung, das meinen viele. Nein, finde ich, sie sind immens wichtig zum Verständnis der Kultur – die Wendung vom erdzentrierten Weltbild des Mittelalters (und der Kirche) zur modernen kopernikanischen Erkenntnis der Neuzeit, wonach die Sonne im Mittelpunkt unseres Planetensystems steht, hat unser gesamtes Denken und unsere Kultur beeinflusst. Naturwissenschaft und Mathematik prägen unser gesamtes Weltbild, zum Leidwesen vieler Dogmatiker, die im Mittelalter stehen geblieben sind. Aber ich möchte nicht polemisieren, ich möchte *begreiflich* machen. Denn besonders die Mathematik fristet im Bewusstsein der Menschen ein Schattendasein und beeinflusst doch direkt oder indirekt einen großen Teil unseres modernen Lebens – nicht zuletzt durch ihre „Mechanisierung", den Computer. Was nicht ganz stimmt, zugegeben – denn er kann „nur rechnen" Mathematik aber ist kristallines Denken, Scharfsinn in Reinkultur.

Wir wollen gemeinsam versuchen, diesen inneren Widerspruch aufzulösen: In einer von Wissenschaft und Technik geprägten Welt weigern sich viele Menschen, ihre mathematischen Grundlagen zur Kenntnis zu nehmen. Denn mit Zahlen, Formeln, Figuren und Kurven kann man seltsamerweise auch in der „Wissensgesellschaft" unserer Zeit nicht nur Kindern einen Schrecken einjagen. Aber die Naturwissenschaften haben unser Dasein erobert und gestaltet, deswegen wollen wir uns nun mit ihren geistigen Grundlagen beschäftigen.

Gehen wir nun in die Steinzeit zurück und lernen wir etwas über die Gegenwart! „Mathematik" bedeutet ja – dem altgriechischen Ursprung des Wortes folgend – die „Kunst des Lernens". Damit Sie das nicht als Mühe empfunden, habe ich es in unterhaltsame Geschichten verpackt. Also machen wir uns auf die Reise ins Neolithikum – Met, Mammut und Mathe *all-inclusive*.

Jürgen Beetz, November 2014 (10.000 Jahre nach diesen Geschichten)

Besuchen Sie mich auf meinem Blog
http://beetzblog.blogspot.de

Inhaltsverzeichnis

Der Autor

Jürgen Beetz studierte nach einer humanistischen und naturwissenschaftlichen Schulausbildung Elektrotechnik, Mathematik und Informatik an der TH Darmstadt und der *University of California, Berkeley.*

Bei einem internationalen IT-Konzern war er als Systemanalytiker, Berater und Dozent in leitender Funktion tätig.

E-Mail: Juergen.Beetz@gmail.com

Eddi Einstein, der Mathematiker mit Migrationshintergrund (was aber niemanden kümmerte) war erst vor kurzem in die Dorfgemeinschaft des Stammes aufgenommen worden. Er hatte sich sofort nützlich gemacht und mit seinem neuen Freund Rudi Radlos, dem Erfinder und Geometer, neue geistige Konzepte entwickelt. Er hatte sich heimlich in Willa, die Frau des Stammeshäuptlings, verliebt und genoss daher ihre Gegenwart, nicht nur wegen ihrer beeindruckenden Intelligenz.

Differentialrechnung und Differentialgleichungen sind schon „höhere Mathematik", sagen viele. Aber „hoch" nennen die Holländer ihren Vallserberg mit seinen 322 m auch. Vom „Himalaya der Mathematik" sind wir noch weit entfernt, aber den behalten wir den Profi-Bergsteigern vor. Die Differentialrechnung ist eines der bedeutenden Kerngebiete der Mathematik. Sie wurde im Wesentlichen am Ende des 17. Jahrhunderts unabhängig voneinander von Isaac Newton und Gottfried Wilhelm Leibniz entwickelt. Aber es gab sogar einen Prioritätsstreit zwischen den beiden. Sie lief auch unter dem Namen „Infinitesimalrechnung", das Rechnen mit dem Unendlichen. Dem unendlich Kleinen in diesem Fall. Auch der Philosoph und Mathematiker René Descartes hatte sich damit beschäftigt und wichtige Vorarbeiten geleistet.

Ohne die Infinitesimalrechnung sähe die mathematische Modellierung physikalischer Vorgänge arm aus. Nehmen wir eine beschleunigte Bewegung: Die Berechnung der Geschwindigkeit eines Autos zu einem bestimmten Zeitpunkt – sagen wir: 10 Sekunden nach dem Start – wäre schwierig. Die Geschwindigkeit v ist ja Wegänderung dividiert durch Zeitänderung. Wir messen also Weg $s_1 = 95$ m bei 9,8 s und Weg $s_2 = 108$ m bei 10,2 s. Damit erhalten wir $v = (s_2 - s_1)/(t_2 - t_1) = 32,5$ m/s oder 117 km/h. In dieser Zeit hat der Wagen aber beschleunigt, und dieser Wert ist

© Springer Fachmedien Wiesbaden 2014

J. Beetz, *Differentialrechnung für Höhlenmenschen und andere Anfänger,*
essentials, DOI 10.1007/978-3-658-08485-1_1

nur ein Mittelwert. Der wird zwar immer feiner, wenn wir bei 9,9 und 10,1 oder 9,95 und 10,05 Sekunden messen, aber er ist nie exakt. Also messen wir zwei Mal bei $t = 10$ s: Die Zeitänderung ist 0, die Wegänderung auch. Bingo! Dann ist die Geschwindigkeit $v = 0/0$ und damit mathematisch unbestimmt. Hier hilft nur die Infinitesimalrechnung aus der Patsche.

Aber warum musste die Welt so lange warten, bis ein so wichtiger Grundsatz entdeckt bzw. entwickelt wurde? Hätte man nicht schon viel früher darauf kommen können? Vielleicht können schon unsere Denker (und -innen) der Steinzeit die wichtigsten Grundideen herausarbeiten?! Der zentrale Begriff ist der der „Ableitung". Trennen Sie sich von der Vorstellung eines Blitzableiters oder einer Umleitung, obwohl beides entfernte Ähnlichkeit mit dem Fachbegriff aufweist. Denn die „Ableitung" können Sie sich als die Tangente an einer mathematischen Kurve vorstellen, wo Sie gewissermaßen geradeaus fahren, während die Kurve weiter ihrer Krümmung folgt.

Aber gehen wir der Reihe nach vor.

Das Maß für Veränderung 2

Rudi und Eddi standen an der Böschung eines Deiches, der das Dorf vor den Fluten eines Flusses schützte. Sie diskutierten, ob der Hang flach genug sei, um nicht abzurutschen, wenn er mit Wasser getränkt wäre. „Er hat eine Steigung von 50 %" (Abb. 2.1 mitte), sagte Rudi, „das ist ein Winkel von etwa 30 Grad. Das sollte reichen." Eddi musste eine Bemerkung loswerden: „Euer Stamm hat so ein komisches Winkelmaß,[1] das zu unserer Dezimaldarstellung gar nicht passt. Ein rechter Winkel sollte 100 Grad haben statt 90. Wie kommt das?" „Historisch gewachsen. Irgendwas Mythisches. Weil das Jahr etwa 360 Tage hat, hat man den Vollkreis zu 360 Grad definiert. Siggi weiß mehr darüber..." „Na gut", lenkte Eddi ein, „es beschert uns ja wenigstens gerade Zahlen – sonst wäre der Winkel bei der Steigung von 50 % statt 30 ja 33,33333... Grad."

Wir geben ihm Recht: Die Steigung einer Geraden c wird in einem rechtwinkligen Dreieck einfach durch das Verhältnis der gegenüberliegenden Seite a zur anliegenden Seite b bestimmt (Abb. 2.1 links). Man kann sie in Grad des Winkels α angeben oder durch das Seitenverhältnis a/b, als Zahl oder in Prozent (wenn sie klein genug ist). Sie ist in Abb. 2.1 rechts entweder 1 oder 100 % oder 45°. Wenn sich der Winkel α allerdings dem rechten Winkel nähert (gestricheltes Dreieck in Abb. 2.1 links), dann wird das Steigungsmaß a_1/b_1 extrem groß, da b_1 sehr klein wird. Zur Bestimmung des Winkels α greift man daher oft auf das Verhältnis a_1/c_1 zurück, das bei $\alpha = 90°$ zu 1 wird. Leser mit einem guten Gedächtnis erkennen hier sofort den „Tangens" tan α aus ihrer Schulzeit wieder.

---

[1] Siehe http://de.wikipedia.org/wiki/Winkelmaß#Die_Entwicklung_der_Winkelmaße.

© Springer Fachmedien Wiesbaden 2014

J. Beetz, *Differentialrechnung für Höhlenmenschen und andere Anfänger*, essentials, DOI 10.1007/978-3-658-08485-1_2

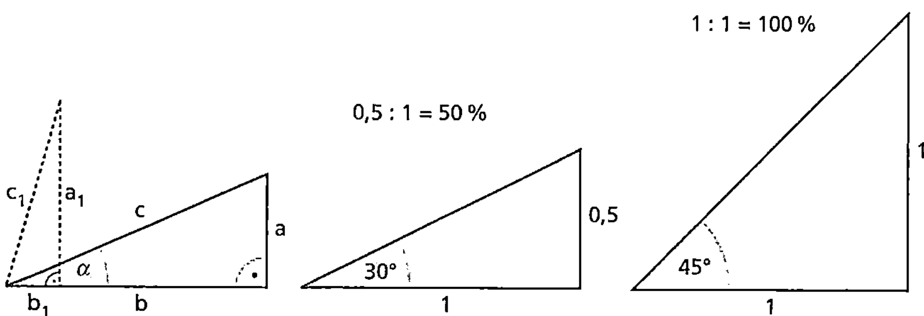

Abb. 2.1 Steigung und Winkel

Willa tauchte plötzlich auf, wie aus dem Nichts. Sie kam von einem Präkognitionstraining bei Siggi zurück, hatte viel in der Zukunft gesehen und war voller Tatendrang. Sie musterte die beiden spöttisch. „Ach! Seid ihr mit dem Kleinkram jetzt durch? Geometrie und Funktionen mit einer Variablen sind ja schon ganz anspruchsvoll." Ihre grünen Augen funkelten, und das Licht der untergehenden Sonne umgab ihre roten Haare wie eine Aura. „Ihr müsst jetzt langsam mal das Differenzieren lernen!" Eddi verstand nicht: „Aber ich achte doch schon jetzt darauf, zu differenzieren. Ich unterscheide sorgfältig zwischen..." Willa unterbrach ihn: „Ich meine nicht das umgangssprachliche Wort, sondern den Fachausdruck. Im Kern ist das natürlich dasselbe: auf Differenzen, auf Unterschiede achten – modern ausgedrückt: auf Trends. Aber Siggi sagt, dass wir erst in zehntausend Jahren so modern sind ... Wie wäre es denn für den Anfang mit ein wenig Differentialrechnung, damit ihr mit den Kurven in der X-Y-Ebene jetzt schon etwas Vernünftiges anstellen könnt?!"

„Äh... ja... wir wollten gerade anfangen", behauptete Eddi und bekam verräterisch rote Bäckchen. Er wandte sich an seinen Freund: „Wolltest du nicht dein Bewässerungssystem kontrollieren? Die Schneckenpumpe quietscht so!" Rudi verstand den Wink und trollte sich. Auch Willa verstand den Wink und lächelte. Nach einem kurzen Blick auf seine Zeichnungen sagte sie: „Übrigens, die Fachleute nennen das Maß a/c den ‚Sinus' des Winkels α und schreiben ‚sin $\alpha = a/c$'. Sein Bruder ist der ‚Kosinus', der als ‚cos $\alpha = b/c$' bestimmt wird. Und eure Steigung ist einfach der ‚Tangens' tan $\alpha = a/b$." Diesmal hatte Eddi anscheinend Oberwasser: „Das wissen wir schon lange." Willa lächelte: „Ich weiß, dass ihr Kerle das schon wisst. Aber eine kleine Wiederholung schadet nicht."

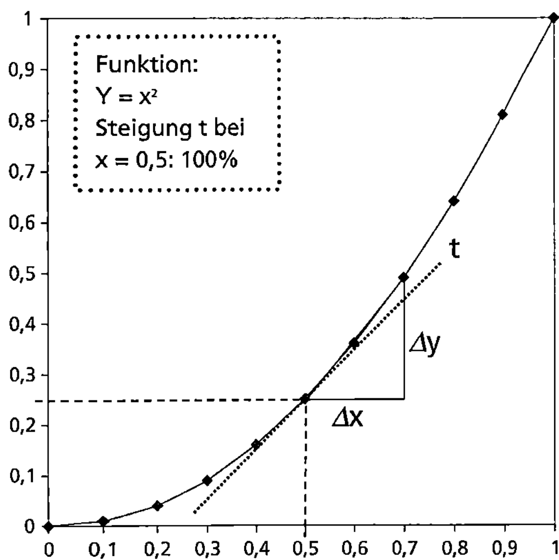

Abb. 2.2 Ermittlung der Steigung der Parabelfunktion

2.1 Die Steigung einer mathematischen Kurve

OK, dachte Eddi und wechselte das Thema: „Wollten wir nicht… äh…" „Differenzieren. Du sagst es. Umgangssprachlich bedeutet es, etwas auseinander zu halten, genau zu betrachten, zu unterscheiden. In der Mathematik versteht man darunter die Bestimmung der Steigung einer mathematischen Kurve." Eddi versuchte etwas Schlaues zu sagen, um einen guten Eindruck zu machen: „Die Steigung einer Geraden im Koordinatensystem ist ja überall konstant, aber die einer beliebigen Kurve oder ‚Funktion' y=f(x) ändert sich ständig. Sie ist von x abhängig." Willa nicke und schlug vor, das am Beispiel der Funktion y=x² einmal aufzuzeichnen (Abb. 2.2).

Willa erklärte: „Die Steigung der Parabel – ich habe sie als Punktestrecke gezeichnet – will ich zum Beispiel für x=0,5 wissen, wo der y-Wert 0,25 beträgt. Die Steigung ist dort gleich der Steigung der Tangente t." „Äh…", Eddi errötete, „Was ist eine Tangente?" „Eine an der Kurve anliegende Gerade, die die Steigung der Kurve an dieser Stelle hat." Das gab ihm wieder Oberwasser: „Was Besseres als eine solche Tautologie hast du nicht anzubieten? Die Tangente ist die Steigung und die Steigung ist die Tangente!?" Willa lachte, und es war ihr überhaupt nicht peinlich: „Egal, wir ersetzen sie sowieso durch die Sekante. Ich ziehe eine Linie zum, sagen wir, übernächsten Parabelpunkt x=0,7 und y=0,49."

Willa malte das Steigungsdreieck ein und bezeichnete die Schenkel (die „Katheten") mit Δy und Δx, nicht ohne zu bemerken, dass es eigentlich Δ_y und Δ_x heißen müssen, denn es wäre ja keine Multiplikation zweier mathematischen Zeichen, sondern sie wolle damit ein Δ – also eine kleine Differenz – in x- und y-Richtung andeuten.

„Warum nimmst du dieses komische Zeichen?", wollte Siggi wissen, der unbemerkt zu ihnen getreten war. Eddi war vorlaut und antwortete für Willa: „Das ist ein symbolisches Dreieck und soll uns an das Steigungsdreieck erinnern." Siggi grinste: „Da sieht man mal, wie Menschen Erklärungen erfinden, wenn sie keine haben. Das Dreieck ist der Buchstabe ‚Delta' der alten Griechen... Also der Leute, die man in zehntausend Jahren ‚die alten Griechen' nennen wird. Das ‚Delta' ist ein Symbol für den ‚Differenzoperator', also ein Zeichen für etwas, das aus einer Subtraktion entstanden ist – ich habe es mit meinen Kräften in dein Hirn gepflanzt." „Danke, ich weiß ja, dass ich ohne dich nichts zustande bringe!", antwortete Eddi und Siggi hatte keine klare Aura-Empfindung, ob er das ernst meinte oder nicht.

Dann sprach Eddi weiter, denn er hatte inzwischen das Prinzip erkannt: „Jetzt können wir die Steigung berechnen: Δx ist $0,7 - 0,5 = 0,2$ und Δy ist $0,49 - 0,25 = 0,24$. Also ist die Steigung $0,24/0,2 = 1,2$ – hundertzwanzig Prozent." Willa lächelte fein und ihre Stimme klang auf einmal wie ein Feuerstein, der eine Granitplatte ritzt: „*Du* machst mir Spaß! Erst meckerst du über die Tangente, jetzt tust du so, als hättest du das Differenzieren erfunden. Rechne doch noch mal mit Delta-x gleich 0,1 nach, also von x gleich 0,5 bis 0,6." „Dann ist Delta-y gleich 0,36 minus 0,25, also 0,11. Und die Steigung wird zu hundertzehn Prozent. Aahhh..., jetzt merke ich es, wir lassen Delta-x gegen null gehen, dann wird die Sekante zur Tangente, also die Schnittlinie zur Berührungslinie. Aber geraten wir denn nicht in Gefahr, durch Null zu dividieren, wenn wir Δx gegen 0 gehen lassen?" „Nein – *gegen* 0 ist nicht *gleich* 0. Δx wird klitzeklitzeklein, bleibt aber ungleich 0", schloss Willa. „Wir ersetzen dann das Δx durch ‚dx', um diesen Übergang anzudeuten, für Δy entsprechend. Na, das war doch gar nicht so schlimm! Differentialrechnung lernen in 10 min."[2]

„Genial!", sagte Eddi, „Wer hat sich denn das ausgedacht?" „Leibniz." „Der mit dem Butterkeks?" Willa lachte: „Nein, Gottfried Wilhelm Leibniz, ein deutscher Philosoph und Wissenschaftler, Mathematiker, Diplomat, Physiker, Historiker, Politiker, Bibliothekar und Doktor des weltlichen und des Kirchenrechts im ausgehenden 17. und beginnenden 18. Jahrhundert dieser neuen Zeitrechnung in der Zukunft. Er erfand den Differentialquotienten dy/dx und vieles andere mehr. Sir Isaac Newton, der englische Naturforscher, Theologe und Philosoph entdeckte

---

[2] Josef Raddy: „Differentialrechnung lernen in 10 Min" (http://www.youtube.com/watch?v=NBhRuSQCehY, erreicht von http://www.mathematik.net)

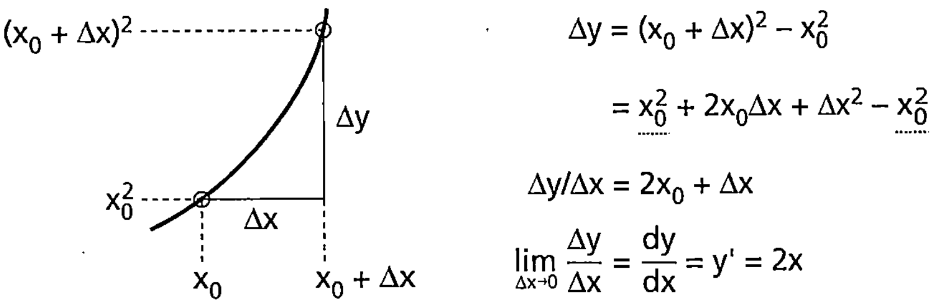

Abb. 2.3   Die 1. Ableitung der Parabel $y = x^2$

zur selben Zeit dasselbe, und das führte zum wohl berühmtesten Prioritätsstreit der Wissenschaftsgeschichte." „Boh, was du alles weißt!", sage Eddi und strahlte sie an. *Zum Teufel mit dem Stammeshäuptling*, dachte er, *man wird doch wohl ein wenig flirten dürfen!*

Dann wandte er sich wieder dem Problem zu: „Na, schön, ich vermute mal, dass die Steigung gegen 100 % geht, je näher wir in unserem Beispiel den zweiten Punkt an den ersten heran wandern lassen. Aber wie finden wir die Steigung an einem beliebigen Punkt x_0 der Parabel?" Willa gab ihr Wissen nicht preis: „Sag' *du* mir's!" Eddi malte (Abb. 2.3) und dachte laut: „Δy an der Stelle $x_0 + \Delta x$ kann ich ausmultiplizieren, und dann kürzt sich das x_0^2 heraus." Willa ergänzte: „Und wenn wir den Differenzenquotienten $\Delta y/\Delta x$ bilden, dann bleibt $2x_0 + \Delta x$ übrig. Wenn Δx dann gegen Null geht, können wir das zweite Glied vernachlässigen und es bleibt $2x$ übrig, denn das x_0 kann ja überall liegen. Den Grenzwert des Differenzenquotienten nennen wir den ‚Differenzialquotienten' und schreiben y-Strich dafür. Der Grenzwert des Differenzenquotienten heißt ‚limes'." Eddi war empört: „Vernachlässigen!?!! Statt der Tangente nehmen wir eine Sekante. Und diese Größe vernachlässigen wir einfach! Ich dachte immer, Mathematik wäre eine exakte Wissenschaft!!?" Willa ließ sich nicht beirren: „Sie wird es gerade *dadurch*. Wir machen keine Fehler und begehen keine Nachlässigkeiten – obwohl das Wort so klingt –, sondern wir steuern exakt definierte Grenzwerte an. So ist 0,999 nur ungefähr gleich 1, egal wie viele Neuner wir schreiben. Wenn es nur *endlich* viele sind. Wenn es *unendlich* viele sind, was wir als ‚0,999…' schreiben, dann ist das *exakt* gleich 1. Soviel dazu. Aber nun weiter!"

Eddi fuhr fort: „OK. Verstehe ich. Ich wiederhole: Der Differenzenquotient $\Delta y/\Delta x$ wird zu $2x_0 + \Delta x$ und der Differentialquotient dy/dx gleich y' zu $2x$. Sieht in der Zeichnung kompliziert aus, ist es aber nicht."

„Hervorragend!", sagte Willa, „Wir merken uns: Die erste Ableitung einer Funktion $y = f(x)$ ist wieder eine Funktion, und wir nennen sie y-Strich. Manche schreiben auch f'(x) dafür, f-Strich von x. Denn sie hat ja an jeder Stelle der Funktion y einen anderen Wert." Eddi kam wieder auf sein Beispiel mit der Parabel zurück: „Das sieht lustig aus: $y = x^2$ und $y' = 2x$ – es scheint, als wäre der Exponent als Faktor vor das x gewandert! Also hat die Parabel zum Beispiel am Punkt $x = 3$ den Wert $y = 9$ und die Steigung $y' = 6$."

„Für ein Stammesmitglied mit Migrationshintergrund bist du ganz schön schlau!", meinte sie anerkennend. Eddi tat beleidigt: „Pass auf, dass du dir nicht auf die Zunge beißt. Sonst muss Siggi dir ein Gegengift verabreichen!" Willa lachte, denn sie wusste, dass er sie liebte.

Sie wandte sich zum Gehen und sagte mit maliziösem Lächeln: „Wenn dein Freund Rudi wieder mit dir spielen darf, dann erzähle ihm mit deinem neuen Wissen doch etwas vom Fallgesetz. Der Fallweg ist die halbe Erdbeschleunigung multipliziert mit dem Quadrat der Fallzeit. Galileo Galilei, du weißt schon."

Wer zum Teufel ist das nun wieder?, dachte Eddi und nickte beiläufig – so, als ob ihm alles klar wäre.

2.2   Die Regeln des Differenzierens

Das können wir nun verallgemeinern: Wollen wir die Steigung – die der Fachmann „Ableitung" nennt – einer Funktion $y = f(x)$ in einem Punkt x_0 wissen, dann suchen wir den Grenzwert der Steigung an dieser Stelle. Er liest sich als „Limes von Delta-y durch Delta-x für Delta-x gegen null", und die „Ableitung" heißt kurz „y-Strich", denn man macht einfach einen kleinen hochgestellten Strich neben das „y". Als eine Art Zwischenstufe bezeichnet man y' auch als „Differentialquotient" dy/dx. Auch hier ist das „d" wieder ein Operator und nicht etwa ein Multiplikationsfaktor. Man kann diese Prosa ja sehen, wie man will, aber die mathematische Formelschreibweise ist auch hier kürzer, klarer und übersichtlicher:

$$\text{Wenn } y = f(x), \text{dann ist } y' = \frac{dy}{dx} = \lim_{\Delta x \to 0} \frac{\Delta y}{\Delta x}$$

Dennoch noch einmal in Worten: Die Ableitung y' der Funktion y ist der Differentialquotient dy/dx, der sich aus dem Grenzwert des Differenzenquotienten $\Delta y/\Delta x$ für $\Delta x \to 0$ ergibt. Die Ausdrücke *dy* und *dx* heißen Differentiale. Sie stellen infinitesimal (ein vornehmes Wort für „unendlich") kleine Zahlenwerte dar und man kann mit ihnen fast wie mit „normalen" Variablen rechnen. Die Notation einer Ableitung als Quotient zweier Differentiale wurde von Leibniz eingeführt. Es ist zu vermuten, das der Name „Differentialrechnung" ursprünglich nichts anderes bedeutete als „Rechnen mit Differentialen".

Für Funktionen mit Potenzen von x in der Form $y=ax^n$ bleibt der Faktor a erhalten. Die Ableitung ist $y'=a\cdot nx^{n-1}$. Der Exponent n der Variablen x in der Funktion wandert als zusätzlicher Faktor in die 1. Ableitung. Dann wird er bei x um 1 vermindert. Fertig ist y'. Eine Art „Summenregel" sorgt dafür, dass sich Funktionen aus der Addition einzelner Bestandteile in die Addition ihrer Ableitungen verwandeln. Ist $y=ax^n+bx^m$, dann ist die Ableitung ist $y'=a\cdot nx^{n-1}+b\cdot mx^{m-1}$. Ein Beispiel macht wie so oft alles viel klarer: Eine „schiefe" Parabel entsteht durch die Addition einer schön zur y-Achse symmetrischen Parabel und einer Geraden. Sagen wir: $y=3x^2+5x$. Die Steigung dieser Kurve ist $y'=6x+5$, weil die Gerade ja die Hochzahl 1 hat. Nehmen wir ein krummeres Gebilde $y=4x^3-2\pi x^2+2{,}345$. Dessen Steigung in jedem Punkt x ist $y'=12x^2-4\pi x$. Die Konstante verschwindet ja nach der Ableitungsregel, da sie in der Funktion mit x^0 (also 1) multipliziert wurde. So wird nach der Regel die Null zum Faktor in der Ableitung, und weg ist die Konstante. Was man sofort einsieht: Eine Funktion $y=c$ ist ja eine Parallele zur x-Achse... und die hat die Steigung 0.

Rudi tauchte wieder auf und saugte die neuen Weisheiten begierig in sich auf. Er erkannte sofort die Konsequenzen für physikalische Formeln. Gerade dort will man ja nicht nur wissen, wie eine Funktion *verläuft*, sondern auch, wie sie sich *ändert*. Er beschloss, darüber nachzudenken und später mit Eddi darüber zu diskutieren.

Mit der „limes"-Schreibweise konnte er sich nicht anfreunden und murrte: „„Der Grenzwert von einer Änderung des y-Wertes dividiert durch die zugehörige Änderung des x-Wertes, wenn dieser gegen Null geht', das nenne ich einen komplizierten Ausdruck! Was das alleine an Platz und Kohlestift verbraucht...". Eddi sah das ein: „Dann nehmen wir die Bezeichnung ‚y-Strich' und schreiben ‚y'‚ dafür. Da müssen wir aber aufpassen, denn der hochgestellte Strich wird leicht übersehen. Und wenn du physikalische Größen hast, zum Beispiel die Geschwindigkeit v in Abhängigkeit von der Zeit t, dann ist die Ableitung der Funktion $v(t)$ durch die Bezeichnung $v'(t)$ zu erkennen. Aber vielleicht markiere ich die Ableitung von v nach t auch mit einem Punkt über dem v? Die Schreibweise $\dot{v}$ ist ja noch kürzer. Wir haben doch noch gute Augen und werden das nicht verwechseln."

Eddi hob die Bedeutung dieser Überlegungen noch einmal hervor: „Wenn du eine Geschwindigkeit hast, die sich ständig verändert – zum Beispiel beim Beschleunigen oder Bremsen –, dann willst du ja ihren Wert an jedem Punkt des Weges kennen. Der Ausdruck $v=s/t$ hilft dir da nicht, denn ein Punkt hat keine Ausdehnung, also ist $s=0$. Um eine Strecke der Länge 0 zurückzulegen, brauchst du keine Zeit. Also ist $t=0$. Damit bekämst du den Ausdruck $v=0/0$, und das ist die berüchtigte Falle. Deswegen musst du die endlichen, aber winzigen Differentiale durch einander dividieren: v=ds/dt, deren Verhältnis erhalten bleibt, auch wenn beide gegen 0 streben."

Rudi nickte zustimmend und sah sich die allgemeine Formel des Differenzierens von Potenzausdrücken noch einmal genauer an: $y'=a \cdot nx^{n-1}$. „Das ist ja auch eine Art ‚Potenzverlust', wenn der Exponent um eins verringert wird", sagte er. „Das dürfen wir aber nicht Willa sagen", meinte Eddi, „Sie könnte es falsch verstehen. Aber es ist ja logisch: Es ist ein Krümmungsverlust, wenn wir an eine gebogene Kurve eine gerade Tangente als Steigung anlegen."

Nun, das war offensichtlich ein müder (und nicht ganz korrekter) Scherz. Der „Potenzverlust" beim Differenzieren von Polynomen ist eine Eigenheit der Polynome und nicht des Differenzierens an sich. Es gibt auch Funktionen, deren Ableitung komplizierter wird, und trotzdem gibt es einen Krümmungsverlust beim Ausrechnen der Tangente.

Die Praxis der Differentialrechnung

3

Das Fallgesetz war Rudi schon etwas vertraut, ohne dass er diesen Begriff benutzte. Er hatte jedoch noch keinen genauen Zeitmesser und „verlangsamte" deshalb die Bewegungen, indem er einen sorgfältig zur Kugel geschliffenen Kieselstein eine Art Fallrinne hinab rollen ließ. Gemeinsam kamen sie dann zur mathematischen Formulierung des Gesetzes, vielleicht unterstützt durch den medialen Einsatz Willas, die etwas von Galileis Erkenntnissen in Rudis Kopf transportiert hatte. Sie beschlossen, die zurückgelegte Strecke s zu nennen, die Erdanziehungskraft, die ja unzweifelhaft die Ursache des Falls war, mit g und die gemessene Zeit t. So ergab sich aus den Experimenten die Formel $s = \frac{1}{2}\, gt^2$. Denn der Fallweg war keineswegs proportional zur Fallzeit, sondern er wuchs mit ihrem Quadrat. Auch die Dimensionen passten: Links misst man s in [m], rechts die Erdanziehungskraft in [m/sec^2] (die ja eine Beschleunigung ist, also eine Veränderung der Geschwindigkeit in [m/sec] pro [sec]) multipliziert mit dem Quadrat der Fallzeit t [sec^2] – weg sind die [sec^2] im Nenner).

„Was ist Geschwindigkeit?", fragte Rudi und gab sich selbst die Antwort: „Geschwindigkeit ist der zurückgelegte Weg dividiert durch die Zeit. Mit anderen Worten – nach dem, was du mir gerade über das Differenzieren erklärt hast –, die zeitliche Veränderung des Weges." Eddi nickte: „Dann könnten wir sie ja als s′ oder ṡ oder ds/dt bezeichnen. Also wenden wir unsere Formel zum Differenzieren auf den rechten Ausdruck $\frac{1}{2}\,gt^2$ an. Das ist ja einfach: $ds/dt = \frac{1}{2}\, g \cdot 2\, t^{2-1}$. Das ist aber nichts anderes als gt. Ich nenne die Geschwindigkeit mal v. Also ist ds/dt = v = gt. Kannst du mir noch folgen?"

Rudi schaute böse: „Wieso denn nicht?! Einfacher geht's doch kaum! Die Geschwindigkeit muss ja proportional zur Fallzeit sein, da die Erdanziehungskraft

© Springer Fachmedien Wiesbaden 2014

J. Beetz, *Differentialrechnung für Höhlenmenschen und andere Anfänger,*
essentials, DOI 10.1007/978-3-658-08485-1_3

11

oder Erdbeschleunigung g die ganze Zeit ununterbrochen und konstant wirkt. Anders als die Schnecke, die unbeschleunigt mit konstanter Geschwindigkeit vor sich hin kriecht..."

3.1   Die Steigung der Hyperbel als Beispiel

„Differenzieren ist ja irgendwie elegant, finde ich", meinte Eddi, „Die Formel mit der Verringerung des Exponenten gilt ja sogar im Grenzfall $y = x$, einer einfachen Geraden im Winkel von $45°$ – also einer Steigung von 1. Denn $y = x$ ist ja $y = x^1$ und y' ist nach der Regel gleich $1 \cdot x^{1-1}$, also 1. Alles hoch null ist eins, wie wir ja schon wissen." „Wenn ich das jetzt weiterdenke", sagte Rudi und schaute sorgenvoll, „was passiert dann mit der Hyperbel $y = \frac{1}{x}$, also $y = x^{-1}$? Deren erste Ableitung y' müsste ja nach der Formel $(-1) \cdot x^{-1-1}$ sein, also $-1/x^2$. Das kommt mir *sehr* komisch vor!"

„Tjaaa", sagte Eddi, „Das sollten wir genauer betrachten. Das Einzige, was mich beruhigt, ist die negative Steigung – das haut ja hin, wie du siehst. Auch an der kritischen Stelle der Hyperbel, bei $x = 0$, ist das in Ordnung. Dort ist die Kurve ja unendlich hoch, fällt also wie ein Stein. Ihre Steigung ist $-1/x^2$ für winzigste x ganz nahe bei 0 – steil nach unten, das passt auch.[1] Wir Mathematiker betrachten ja gerne Kurven und andere Dinge an ihren Extrempunkten. Sozusagen am Rande ihrer Existenz. Und an einem ‚normalen' Punkt bei $x = 1$ habe ich ja ein Gefälle von 100%. Auch das passt. Und für sehr große x wird sie knackflach." Und schon begann er zu malen (Abb. 3.1) und mit Rudi darüber zu diskutieren.

Wenn wir die Diskussion hier zusammenfassen, dann erleben wir wieder den „$x + \Delta x$"-Trick, mit dem nahezu jede Funktion ableitbar ist. Man errechnet mit der Funktionsgleichung (hier $y = 1/x$) einfach den Wert an der Stelle $x + \Delta x$ und zieht den Wert an der Stelle x ab. Bringt man die beiden Brüche auf denselben Nenner $x \cdot (x + \Delta x)$, dann kann man $\Delta y / \Delta x$ leicht errechnen. Jetzt schlägt die Grenzwertbetrachtung $\Delta x \to 0$ voll zu: Im Nenner des Bruches „verschwindet" Δx (da es ja gegen null geführt wird) und es bleibt die „1. Ableitung" $y' = -1/x^2$ stehen. Und – o Wunder! – sie bestätigt das allgemeine Gesetz für $y = x^n$ und dem daraus folgenden $y' = nx^{n-1}$.

Eddi dachte an Willa und sagte: „Es macht richtig Spaß, heute schon zu wissen, was man in der Zukunft wissen wird… Aber sooo doll ist es ja auch wieder nicht, dass man durch klares Denken nicht selbst hätte darauf kommen können!"

---

[1] Das ist anschaulich richtig, aber nicht ganz sauber. Denn die Funktion $y = 1/x$ ist bei $x = 0$ nicht definiert und ihre 1. Ableitung kann deswegen dort nicht gebildet werden.

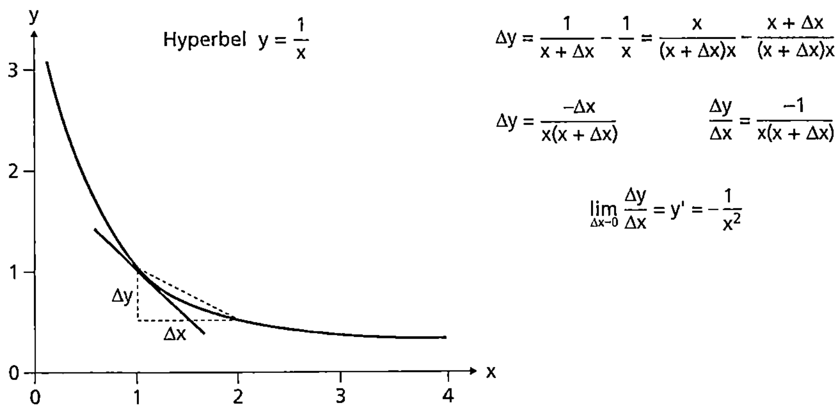

Abb. 3.1 Steigung der Hyperbel y = 1/x

Sie werden sich vielleicht wundern, dass die Formel für den Weg $s = \frac{1}{2}\,gt^2$ so komfortabel eingerichtet ist, dass sich der Faktor ½ beim Differenzieren wegkürzt. Es wird sich im nächsten Kapitel noch zeigen, dass das keineswegs ein Zufall ist.

3.2   Sinus und Kosinus in der Differenzierungspraxis

Ein Tag war vergangen. Eddi hatte das Differenzieren richtig lieb gewonnen. Doch nun erinnerte er sich an die eleganten trigonometrischen Funktionen, allen voran den Sinus. Ob seine Ableitung wohl auch eine so elegante Form hätte? Das musste er unbedingt mit Rudi besprechen. Vielleicht konnten sie etwas herausfinden, mit dem er bei Willa Eindruck machen konnte.

Rudi war dazu bereit, musste aber Eddi vorab etwas gestehen: „Ich mag dieses ‚Δx‘ *gar* nicht. Zwei Zeichen, das vergeudet schon mal Kohlestift. Dieses komische Delta-Zeichen, von dem keiner weiß, wer es erfunden hat…" „Siggi weiß es: die ‚alten Griechen‘, wie er sie nennt." „Nichts gegen Siggi… aber er *behauptet* es. Wissen ist erst etwas, wenn es *nachprüfbar* ist… und das können wir nicht. Wollen wir nicht etwas Einfacheres und Kürzeres nehmen? Zum Beispiel ‚h‘, für die horizontale Veränderung des x-Wertes. Dann können wir es die ‚h-Methode‘ nennen. Das macht doch Eindruck und ist einprägsam!"

Eddi war einverstanden, und so schrieben sie die Differenzierungsregel in den Sand:

$$y(x) = \sin(x) \Rightarrow y'(x) = \lim_{h \to 0} \frac{\sin(x+h) - \sin(x)}{h}$$

Rudi grinste zufrieden: „Das sieht doch gleich viel freundlicher aus! Und ein neues Zeichen: der Doppelpfeil. Was ist *das* nun wieder?" „Bedeutet soviel wie ‚daraus folgt'."[2] „Aha! Aber wie kommen wir nun weiter?" Eddis Augen leuchteten und er zog ein Stück Kuhhaut aus der Tasche: „Siggi hat mir einen Tipp gegeben... Ich kann ja nicht *alles* selbst herausfinden... Mathematik ist ja eine arbeitsteilige Wissenschaft... Andere große Mathematiker haben sich ja auch gegenseitig befruchtet... Jeder Beweis kann ja andere bewiesene Sätze verwenden..." „Komm zur Sache, Mann!" „Er hat mir eine Formel für die Differenz zweier Sinuswerte aufgeschrieben, wie sie im Zähler beim ‚limes' auftauchen. Hier, schau mal!"

$$\sin a - \sin b = 2 \cdot \cos \frac{a+b}{2} \cdot \sin \frac{a-b}{2}$$

Eddi fuhr fort: „Der Zusammenhang ist bereits bewiesen, ich kann mich also darauf stützen. Trigonometrische Summen- und Differenzenformeln. Für a nehmen wir jetzt $x+h$, für b nur das x. Das ergibt im Zähler folgendes:"

$$\sin (x+h) - \sin (x) = 2 \cdot \cos \frac{x+h+x}{2} \cdot \sin \frac{x+h-x}{2}$$

„Ich glaube", sagte Rudi, „ich sehe, wo die Reise hingeht. Mal wieder Gleichungen umgraben. Rechts beim Sinus kürzt sich das x weg, beim Cosinus bekommen wir 2x. Das wird dann zum Cosinus von x plus h/2." „Exakt", bestätigte Eddi, „Jetzt lasse ich noch die Zwei vor dem Produkt verschwinden, indem ich den Nenner des Limes in h/2 verwandele. Kannst du mir noch folgen?" „Na klar", sagte Rudi, „ich würde jetzt noch das h/2 aus dem Produkt von Sinus mal Cosinus zum Sinus-Ausdruck schieben. Irgendwie sieht das netter aus. Also haben wir:"

$$y'(x) = \lim_{h \to 0} \frac{\sin (x+h) - \sin (x)}{h} = \lim_{h \to 0} \cos (x + h/2) \cdot \frac{\sin(h/2)}{h/2}$$

Eddi dachte weiter laut: „Der Cosinus ist ja stetig und macht keine Sprünge, nicht so wie der Tangens oder andere Exoten. Für h gegen null geht der Klammeraus-

---

[2] Die „metalogische Implikation", ein Zeichen für Aussagen: Aus Aussage A folgt Aussage B. Es gibt auch die „Äquivalenz": Aussage A ist dasselbe wie Aussage B ($A \Leftrightarrow B$). Quelle: http://de.wikibooks.org/wiki/Die_Sprache_der_Mathematik:_Aussagenlogik.

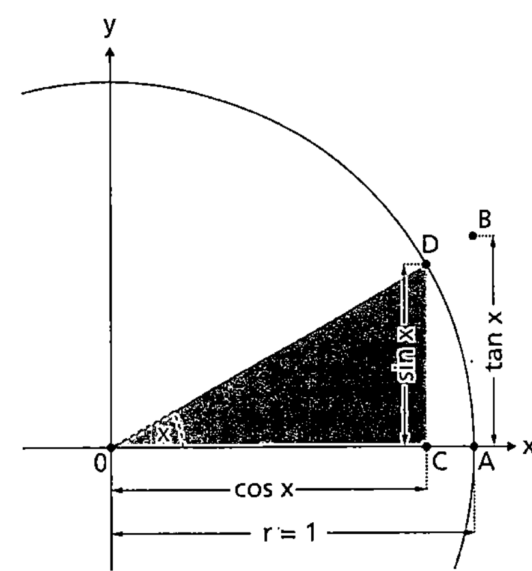

Abb. 3.2 Ermittlung des Grenzwertes (sin x)/x

druck gegen x. Also kann ich ihn aus dem Limes herausziehen, denn nur im Sinus-Teil lauert die ‚Null-durch-null'-Falle. Das ergibt die nächste Formel."

$$y' = \cos(x) \cdot \lim_{h \to 0} \frac{\sin(h/2)}{h/2}$$

„Eben standen wir noch vor einem Abgrund, jetzt sind wie einen Schritt weiter", witzelte Rudi. „Ja, das wird haarig", nickte Eddi, „Aber da müssen wir nun durch. Null durch null, das muss sorgfältig umschifft werden. Wir müssen mal wieder zeichnen." (Abb. 3.2).

„Das ist noch einmal die Definition der trigonometrischen Funktionen im ‚Einheitskreis', wie der Kreis mit dem Radius r = 1 ja genannt wird", fuhr Eddi fort. Das Dreieck OCD hat den Flächeninhalt (sin x · cos x)/2 nach der bekannten Dreiecksformel ‚Grundlinie mal Höhe durch zwei'." Rudi griff ein: „Lass mich mal weitermachen, Geometrie ist ja *mein* Steckenpferd. Das große Dreieck OAB hat den Flächeninhalt (tan x)/2, weil seine Grundlinie ja 1 ist, der Radius des Kreises. Und die Fläche A des Kreissegmentes OAD, mit dem Innenwinkel x im Bogenmaß oder in ‚rad' gemessen und nicht in Winkelgrad, ist x/2."

Eddi runzelte die Stirn: „Das sehe ich jetzt nicht sofort!" Rudi grinste: „Dir fehlt eben der geometrische Blick. Im Einheitskreis ist der Umfang gleich 2π und die Fläche gleich π. Da sich die Kreisbögen wie die Flächen verhalten, gilt $x : 2\pi = A : \pi$. Also muss A = x/2 sein. Doch nun sehe *ich*, was *du* meinst: Das Kreissegment liegt in seiner Fläche genau zwischen dem großen und dem kleinen Dreieck. Ihnen kann es nicht entkommen. Weil der Tangens gleich dem Sinus geteilt durch den Cosinus ist, wie man an ihren Definitionen im rechtwinkligen Dreieck sehen kann, bekomme ich eine doppelte Ungleichung. Dabei habe ich die Zweien im Nenner gleich weggelassen. Dann teile ich die erste Zeile durch sin(x) und erhalte die zweite."

$$\cos(x) \cdot \sin(x) < x < \sin(x)/\cos(x)$$

$$\cos(x) < \frac{x}{\sin(x)} < \frac{1}{\cos(x)}$$

Eddi musste ihn loben: „Ich sehe schon, ich bin nicht das einzige Genie im Dorf. In der Mitte steht der Kehrwert unseres die ‚Null-durch-null'-Problems, eingekesselt von zwei Werten, die für x gegen null jeweils gegen eins streben. Dann *muss* ja (sin x)/x konvergieren! Und zwar zu demselben Wert. Die Eins scheint ja wirklich eine einzigartige Zahl zu sein... wie das Wort schon sagt."

$$\lim_{h \to 0} \frac{\sin(h/2)}{h/2} = 1 \text{ und somit } y' = \cos(x)$$

Rudi lächelte zufrieden: „Hätte man sich auch denken können. Der Sinus hat im Nullpunkt eine Steigung von 1, also 45°. Die Krümmung nimmt mit wachsendem x ab und wechselt ihr Vorzeichen bei $\pi/2$ – genau dort, wo $y'=\cos(x)$ durch 0 geht und negativ wird. Ich werde das aufmalen und mit einem Pfeil markieren. Sinus und Cosinus sind enge Brüder, über die Seiten des rechtwinkligen Dreiecks miteinander verbunden. Fast schon siamesische Zwillinge." Eddi klopfte ihm auf die Schulter: „Bevor du noch poetischer wirst, hier noch eine mathematisch-philosophische Lebensweisheit: Denken ist gut, Nachdenken ist besser, Beweise sind unschlagbar." Doch Rudi musste das letzte Wort haben: „Dabei mussten wir aber wieder die Geometrie zu Hilfe nehmen. Ohne mich, den amtierenden Geometer unseres Stammes, wärst du doch eine arme Sau!"[3]

Und wie zum Beweis seiner Kompetenz skizzierte er noch einmal die Funktion und ihre Ableitung (Abb. 3.3).

---

[3] Vergl. (neben vielen anderen Stellen) Wikipedia-Beweisarchiv (http://de.wikibooks.org/wiki/Beweisarchiv:_Analysis:_Differentialrechnung:_Differentiation_der_Sinusfunktion#Differentiation_der_Sinusfunktion) oder http://haftendorn.uni-lueneburg.de/analysis/diff/sinus-strich.pdf.

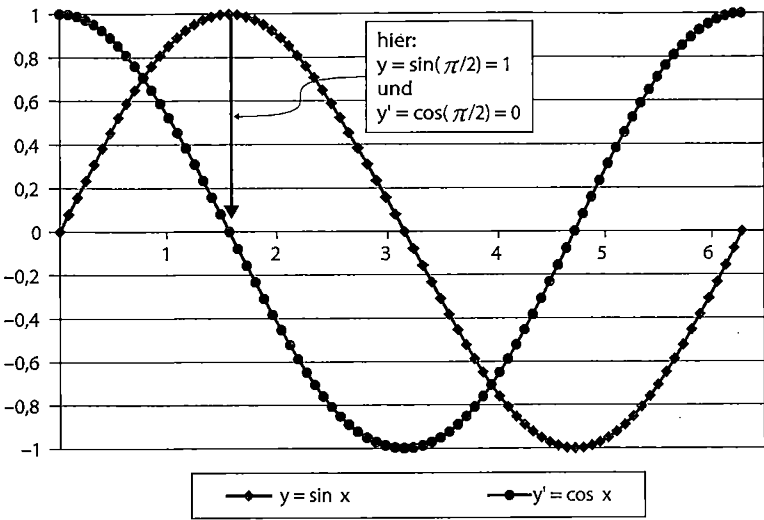

Abb. 3.3 Die Funktion y = sin(x) und ihre Ableitung y' = cos(x)

3.3   Das einzig Konstante im Leben ist die Änderung

Die Stärke des Koordinatensystems und der Kurvendarstellung liegt darin, dass Änderungen einer Abhängigkeit y(x) sofort sichtbar werden – anders als im berüchtigten „Zahlenfriedhof". Sie zeigen sich aber nicht nur dem Auge – mehr oder weniger deutlich –, sie lassen sich auch mathematisch genau erfassen. Das ist das Gebiet der sog. „Kurvendiskussion". Das beherrschte man auch schon in der Steinzeit.

„Ich möchte einmal eine richtig schöne Kurve aufzeichnen", sagte Rudi, „Hast du einen guten Vorschlag?" „Ja", antwortete Eddi, „und wir können dabei noch interessante Dinge lernen. Ich denke mir einfach mal… Nun, ein Polynom dritten Grades mit einfachen Koeffizienten müsste reichen." „In unserer normalen Sprache, bitte!" „Ein ‚Polynom' – das kommt von ‚mehrnamig' oder ‚mehrgliedrig' – ist ein Ausdruck mit mehreren Gliedern. In unserem Fall eine Funktion y = f(x) mit mehreren x-Gliedern. Die sind nach Potenzen, also Hochzahlen, geordnet. Der ‚Grad' eines Polynoms ist die höchste vorkommende Hochzahl. Bei jedem Glied mit der Nummer i steht ein ‚Koeffizient' als Multiplikator n, so dass die allgemeine Schreibweise für ein Glied $n_i x^i$ ist." Rudi war noch nicht zufrieden: „Das war jetzt vielleicht klar und richtig, aber anschaulich ist ja immer ein Beispiel. Sage

mir nicht, was du meinst, sondern zeige es mir. Ich erkenne es, wenn ich es sehe."
Eddi musste zustimmen: „Das ist eine vernünftige Einstellung – sie gilt für vieles
im Leben. Also, hier:"

$$f(x) = x^3 - 5x^2 - 4x + 20$$

Rudi sah sich das an und nickte: „Sag' das doch gleich, dass das ein ‚Polynom' ist!
Und was bedeutet das?" „Gar nichts, nur ein Beispiel für eine schöne Kurve. Und
was wir jetzt machen werden, ist eine ‚Kurvendiskussion'."

In diesem Augenblick kam Willa vorbei. „Wir haben gerade von dir gespro-
chen", sagte Rudi und grinste. Eddi hieb ihn in die Rippen. Willa würde frauen-
feindliche Scherze genau so wenig dulden wie er selbst. Das Wort „Kurvendiskussion" kann einen Mann mit Steinzeitgehirn schon mal auf falsche Gedanken
bringen. Man hatte schließlich bei allem auf ein gewisses Niveau zu achten. Und
so erklärte er mit unschuldiger Miene auf ihre Nachfrage, dass man Mathematik
betreibe, nur so, zur Schulung des Geistes. „Und um Änderungen zu erkennen",
fügte er hinzu.

Willa wäre keine Hexe gewesen, hätte sie die Situation nicht sofort durchschaut.
Nach einem kurzen Blick auf die Funktion im Sand sagte sie: „Ah ja! Nullstellen,
Hoch- und Tiefpunkte, Wendepunkte, vielleicht gar noch Sattel- und Flachpunkte,
Polstellen, Verhalten im Unendlichen und so weiter. Kann spannend werden. Habt
ihr auch das geistige Werkzeug dafür oder muss ich euch helfen?"

Eddi lehnte dankend ab und Rudi pflichtete ihm bei – so konnte man so tun,
als wüsste man längst Bescheid. Als sie weg war, sagte Eddi: „Sie hat ja nun so
ziemlich alle Merkwürdigkeiten erwähnt, die es gibt. Die erste festzustellende Änderung eines Funktionsverlaufes sind in der Tat die ‚Nullstellen'. Dort ändert y(x)
sein Vorzeichen. Und wir möchten gerne wissen, für welches x das y(x)=0 ist.
Hoch- und Tiefpunkte sind auch klar: Die Tangenten verlaufen waagerecht, haben
also eine Steigung von 0. Das bedeutet, dass die erste Ableitung y'=0 sein muss.
Ich male das Beispiel mal hin." (Abb. 3.4)

„Da sehe ich, was du meinst", sagte Rudi, „Offensichtlich haben wir je einen
Hoch- und Tiefpunkt. Dort, wo du die waagerechten Tangenten gezeichnet hast.
Ich sehe auch schon den ‚Wendepunkt' und vermute ihn bei der gestrichelten Linie
an der Stelle des Pfeils. Und wie *berechnen* wir das nun?" Eddi sprühte vor Ideen:
„Zur Bestimmung der Nullstellen muss ich ein Polynom dritten Grades lösen. Das
kann schwierig werden. Vielleicht gelingt es mir, einen linearen Bestandteil her-
auszulösen, dann bleibt eine quadratische Gleichung übrig. Vielleicht ist das Biest
aber auch etwas unfreundlich und hat keine sauberen drei Nullstellen wie im Bild.
Dann bekomme ich entweder nur zwei oder eine oder gar keine reellen Lösungen

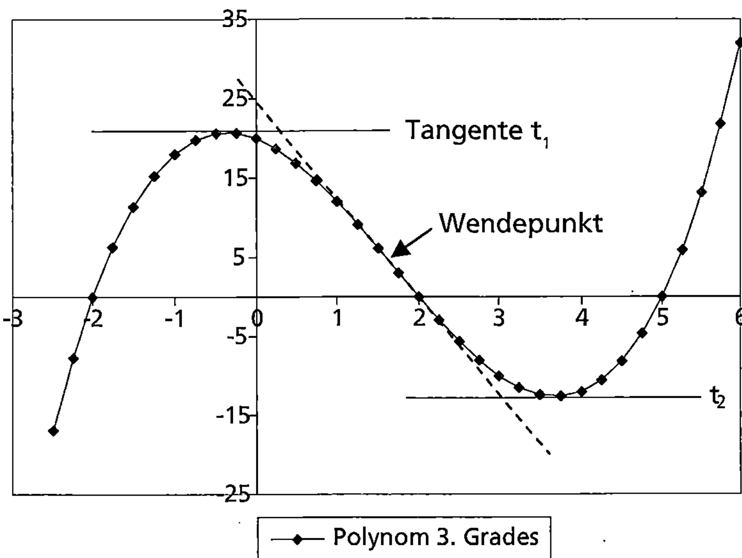

Abb. 3.4 Ein Teil eines Polynoms 3. Grades

und muss in die komplexe Zahlenebene ausweichen." „Da sind wir ja zu Hause", sagte Rudi tröstend und Eddi erklärte weiter: „Die Hoch- und Tiefpunkte, also die Maxima und Minima – bei einem Polynom dritten Grades müssen es zwei sein – erhalte ich durch Differenzieren. Die Nullstellen von y' sind die gesuchten x-Werte. Da erwartet mich eine quadratische Gleichung. Und die hat ja genau zwei Lösungen."

„Ich ahne etwas", sagte Rudi, „Es gibt genau *einen* Wendepunkt. Er ist wieder eine Änderung: die der Kurvenrichtung. Da, wo du deinen Pfeil gemalt hast. Und er ist die Nullstelle der zweiten Ableitung y''. „Wenn du mitdenkst, bist du gar nicht so dumm!", sagte Eddi und klopfte ihm auf die Schulter.

Hier können wir die Szene verlassen, denn unser Mathematiker hat (fast) alle Punkte aufgezählt. Ein „Sattelpunkt" liegt vor, wenn y' und y'' für dasselbe x null sind: Wendepunkt und Extrema fallen zusammen. Eine „Polstelle" ist eine Singularität wie bei der Hyperbel $y = 1/x$ im Punkt $x = 0$. Das Verhalten im Unendlichen für $x = \pm\infty$ ist auch meist einfach. Hier wird auch $y = \pm\infty$, aber bei der Abklingfunktion $y = e^{-ax}$ wird $y = 0$ für $x \rightarrow \infty$.

Erfreulicherweise lässt sich das Polynom im Beispiel in ein Produkt auflösen: $y(x) = (x-2) \cdot (x^2 - 3x - 10)$. Dadurch fällt eine Nullstelle sofort ins Auge: $x_1 = 2$. Die Lösungen der quadratischen Gleichung ist an vielen Stellen beschrieben. Mit der „Mitternachtsformel"

$$x_{1,2} = \frac{-b \pm \sqrt{b^2 - 4ac}}{2a}$$

erhalten wir ohne Mühe $x_2 = -2$ und $x_3 = 5$. Das sind exakt die Lösungen, die der Augenschein in Abb. 3.4 suggeriert.

Jetzt machen wir uns ans Differenzieren:

$$y' = 3x^2 - 10x - 4$$

Wenn wir $y' = 0$ setzen, erhalten wir für die Mitternachtsformel die Größen $a = 3$, $b = -10$ und $c = -4$. Das ergibt die genauen Werte für das Maximum bei $x_4 = -0{,}3609$ und das Minimum $x_5 = 3{,}6942$. Die 1. Ableitung führt dann zur 2. Ableitung $y'' = 6x - 10$ und zur Lage des Wendepunktes bei $x_6 = 1{,}6666$. Alle Ergebnisse passen.

Wir haben hier natürlich nur einen einfachen Fall betrachtet. Aber das Prinzip ist bei Polynomen höheren Grades und allen anderen Funktionen (trigonometrische, exponentielle und dem Rest der Welt) dasselbe. Ein Polynom n-ten Grades kann n Nullstellen, $n-1$ Extrema und $n-2$ Wendepunkte haben (wenn seine Koeffizienten entsprechend passen). Dasselbe Prinzip treffen wir auch bei Kurven im Raum in der Form $z = f(x,y)$ mit *zwei* unabhängigen Variablen. Oder bei Funktionen, die zusätzlich von der Zeit t abhängen: $z = f(x,y,t)$. Oder oder oder…

Solche Untersuchungen sind wie gesagt bei komplizierten Kurven nicht so trivial, sondern erfordern Zeit und Mühe. Aber die Frage nach den Änderungen muss beantwortet werden: Wo schlägt eine stabilisierende Regelung in ihr Gegenteil um? Wann ist der Scheitelpunkt einer Flugbahn erreicht? Bei welcher Vermehrungsrate „kippt" eine Population? Wann geht ein gleichmäßiger Zuwachs in eine Schwingung um den Zielwert über? Alles das sind Kurvendiskussionen der mit Hilfe der Regeln der Differentialrechnung. Denn *the only constant thing in life is change.*

Die Exponentialfunktion beweist ihre königliche Eigenschaft

4

Natürlich wandten sich unsere beiden Denker, nachdem sie das Prinzip des Differenzierens begriffen hatten, sofort der „Königin der Funktionen" zu: der e-Funktion $y = e^x$. Zu diesem Zweck hatten sie sich die Funktion und ihr „Steigungsdreieck" noch einmal aufgezeichnet (Abb. 4.1).

„Wir arbeiten wieder mit dem Delta-x statt mit ‚h' – ich werde mich schon daran gewöhnen", sagte Rudi, „Das Steigungsdreieck kenne ich ja inzwischen. Das dazugehörige Delta-y ist ja $\Delta y = e^{x+\Delta x} - e^x$. Und das ergibt nach den Potenzgesetzen $e^x \cdot e^{\Delta x} - e^x$ oder $e^x \cdot (e^{\Delta x} - 1)$. Wenn wir nun den Quotienten $\Delta y / \Delta x$ bilden, erhalten wir $e^x \cdot (e^{\Delta x} - 1)/\Delta x$. Und nun?" Eddi half nach: „Das weißt du doch: Delta-x geht gegen Null. Wir betrachten den Grenzwert." „Ja… aber ich kriege Bauchweh! Der Ausdruck $e^{\Delta x}$ mit $\Delta x \to 0$ geht gegen 1. Aber $1 - 1$ ist 0 und das steht dann im Zähler, und im Nenner steht auch 0, wenn Δx gegen Null geht. Null durch Null – die Todsünde der Mathematik."

„Also ich glaube nicht", ließ sich Willas Stimme aus dem Hintergrund vernehmen, „dass wir in unserer Religion schon so weit fortgeschritten sind, dass wir den Begriff ‚Sünde' kennen. Er hat so einen moralisch-strafenden Beigeschmack. Sagen wir doch lieber: Es gibt kein eindeutiges Ergebnis, es ist undefiniert. Ihr könnt nicht damit arbeiten. Aber eure Herangehensweise ist grundsätzlich in Ordnung, denn jedes Differenzieren muss sich ja mit dem Grenzwert eines Steigungsdreiecks lösen lassen. Sofern die Funktion in diesem Punkt überhaupt differenzierbar ist. Differenzierbarkeit ist ja ein eigenes Thema." „Heißt was?", fragte Rudi. „Heißt, dass die Ableitung einer Funktion ja auch in einem Punkt undefiniert sein kann. Die Steigung ist unendlich, die Tangente in diesem Punkt eine Senkrechte. Fällt dir dazu etwas ein?" „O ja!", sagte Rudi mit leuchtenden Augen, „Die Wurzelfunktion

© Springer Fachmedien Wiesbaden 2014

J. Beetz, *Differentialrechnung für Höhlenmenschen und andere Anfänger*, essentials, DOI 10.1007/978-3-658-08485-1_4

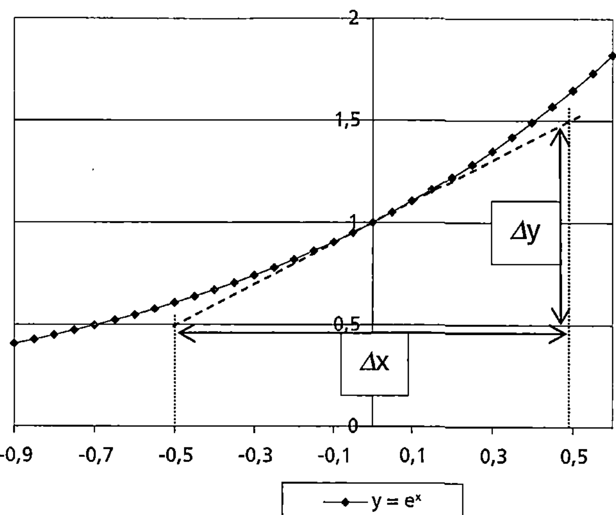

Abb. 4.1 Die e-Funktion $y = e^x$ und ihr „Steigungsdreieck"

$y = \sqrt{x}$ im Punkt $x = 0$. Sie hat dort den Wert $y = 0$. Aber die erste Ableitung der Wurzelfunktion $y = \sqrt{x}$ ist im Nullpunkt nicht definiert: $y' = 1/(2\sqrt{x})$ – wir würden durch 0 teilen: *verboten*."

„Schön", sagte Eddi, „und wie kommen wir nun weiter?" An dieser Stelle hätten sie dringend eine Erkenntnis aus der Zukunft gebraucht. Willa wusste nur, dass ihre allgemeinen Ausführungen zutrafen, kannte aber auch keinen Weg, das Dilemma zu lösen. „Vielleicht kann Siggi uns weiterhelfen?!", sagte Eddi. „Der ist unterwegs", antwortete Willa. „Kannst du ihn nicht anrufen?" „Klar!", sagte sie, „Ommm!" Pause. „Ommmmmmm!" Nach einer weiteren Pause: „Tut mir leid. Er ist gerade in einem Aura-Loch. Wir müssen selbst nachdenken."[1]

„Also, was haben wir? Die Ableitung y' der Funktion $y = e^x$ ist *was?*", fragte Eddi. Willa zeichnete es auf:

---

[1] Mit dem Mantra „Om!" wird nach hinduistischer Lehre mentale und spirituelle Energie freigesetzt und ein Zustand der Trance herbeigeführt, um mit anderen spirituellen Wesen in Kontakt zu kommen. Die Aura oder der Energiekörper eines Menschen ist in verschiedenen esoterischen Lehren eine Ausstrahlung, die für psychisch oder anderweitig entsprechend empfindsame Menschen wahrnehmbar sein soll. Quellen: http://de.wikipedia.org/wiki/Mantra, http://de.wikipedia.org/wiki/Om, http://de.wikipedia.org/wiki/Trance und http://de.wikipedia.org/wiki/Aura.

$$y' = e^x \cdot \lim_{\Delta x \to 0} \frac{e^{\Delta x} - 1}{\Delta x}$$

Sie fuhr fort: „Diesen Grenzwert, den ‚limes', können wir aber nicht durch algebraische Umformungen berechnen." Rudi ging noch weiter: „Wissen wir denn, ob er wirklich existiert?" „Nicht mal das", sagte Eddi, „aber ich habe eine Idee. Wir könnten rechnen, mit $\Delta x = 0{,}1$ und $0{,}01$ und $0{,}001$ und..." „Und schauen, wohin der Wert tendiert? Das sieht man doch: Er geht gegen 1.", ergänzte Rudi. „Konvergiert", korrigierte Willa, „Wollt ihr euch das wirklich antun? Außerdem: rechnen! Wie unelegant! Da muss etwas anderes her!"

„Wir stellen sie auf den Kopf!", entschied Eddi, „Wir drehen den ‚limes' um. Denn strebt eine Funktion an der Stelle 0 gegen 1, dann muss auch ihr Kehrwert an der Stelle 0 gegen 1 streben. Falls Rudis Schätzung stimmt. Vielleicht bringt uns das weiter." „Genial! Ein schönes Beispiel mathematischer Intuition", sagte Willa und Eddi bekam rote Bäckchen. Sofort schrieb er es auf:[2]

$$\text{Wenn } \lim_{\Delta x \to 0} \frac{e^{\Delta x} - 1}{\Delta x} = 1, \qquad \text{dann } \lim_{\Delta x \to 0} \frac{\Delta x}{e^{\Delta x} - 1} = 1 - \text{ oder umgekehrt.}$$

„Intuition hat in einem Männerkopf doch gar nichts zu suchen. Da hast du dir was eingebrockt! Denn das ist ja erst einmal nur eine Vermutung. Sie muss bewiesen werden", sagte Willa und Eddis Bäckchen wurden wieder weiß, „Nun müssen wir nämlich tief in die mathematische Trickkiste greifen. Aber ich rede ja mit Fachleuten." Eddis Bäckchen wurden wieder rot, und Rudi bemühte sich, dem Ganzen zu folgen. Willa geriet jetzt in Fahrt: „Ich spare mir das Delta-Zeichen. Der gesuchte Grenzwert lässt sich durch die Substitution $e^x - 1 = y$ ermitteln. Strebt x gegen 0, dann muss auch y gegen 0 streben. Denn $e^0 = 1$ und $1 - 1 = 0$. Wenn ich die Ersetzung $e^x - 1 = y$ aber mache, dann ist umgekehrt $e^x = 1 + y$ oder $x = \ln(1 + y)$. Wollt Ihr mal Luft holen? Nein? Gut, Eddi, dann schreib' es hin! Ich diktiere dir:"

$$\lim_{x \to 0} \frac{x}{e^x - 1} = \lim_{y \to 0} \frac{\ln(1 + y)}{y} = \lim_{y \to 0} \ln\left((1 + y)^{1/y}\right)$$

„Hoho!", meldete sich Rudi zu Wort, „Das ging mir jetzt ein bisschen fix. Wie kommst du denn zum letzten Schluss?" „Das dritte Logarithmengesetz, das ihr

---

[2] Genau genommen verwenden wir die umgekehrte Richtung. Wir weisen die rechte Formel nach und wollen dann daraus schließen, dass die linke Formel gilt.

früher bewiesen habt. Der Logarithmus einer Potenz ist gleich dem Produkt des Exponenten mit dem Logarithmus der Basis. Nur dass der Exponent hier der Kehrwert von y ist, nämlich $1/y$. Wenn $\log(p^q) = q \cdot \log(p)$ ist, dann ist mit $q = 1/y$ logischerweise $\log(p^{1/y}) = (1/y) \cdot \log(p)$. Oder?" „Kein ‚oder'. Sehe ich ein. Und welcher Kunstgriff kommt jetzt?"

Willa lächelte: „Stetigkeit, liebe Kollegen. Die Logarithmusfunktion ist stetig und hat einen gleichmäßigen Verlauf, macht keine Sprünge. Das heißt: der Grenzwert des Logarithmus ist der Logarithmus des Grenzwertes. Ich kann die beiden vertauschen. Das sieht dann so aus:"

$$\lim_{y \to 0} \ln\left((1+y)^{1/y}\right) = \ln \lim_{y \to 0} \left((1+y)^{1/y}\right)$$

Eddi bekam einen Erstickungsanfall und Rudi musste ihm auf den Rücken klopfen. Als er sich wieder gefangen hatte, keuchte er: „Das ist ja wirklich Hexenwerk, meine Liebe. Du machst deinem Ruf alle Ehre! Und zeigst auch noch, wie elegant die Mathematik ist und wie sie – klick! klack! klonk! – bereits Bekanntes zu einer neuen Beweiskette zusammensteckt. Denn ich brauche y im Geiste ja nur durch $1/n$ zu ersetzen und bin sofort bei einer der Definitionen der Eulerschen Zahl e. Und deren natürlicher Logarithmus ist eins. Eins! Wie Rudi schon geschätzt hatte. Und das ist der gesuchte Grenzwert. Dessen Kehrwert ist dann auch 1. Und damit ist die erste Ableitung der e-Funktion wieder die e-Funktion. Ich bin sprachlos!" Und er fing an zu schreiben und überhörte Rudis Kommentar: „Dafür redest du aber ziemlich viel!".

$$\ln\left(\lim_{y \to 0} \ln\left((1+y)^{1/y}\right)\right) = \ln e = 1 \Rightarrow \lim_{x \to 0} \frac{x}{e^x - 1} = 1 = \lim_{\Delta x \to 0} \frac{e^{\Delta x} - 1}{\Delta x}$$

$$\Rightarrow y' = e^x \cdot \lim_{\Delta x \to 0} \frac{e^{\Delta x} - 1}{\Delta x} = e^x$$

Rudi war nun auch zufrieden: „Die Ableitung der e-Funktion $y = e^x$ ist die Funktion $y' = e^x$. Das ist wahrhaft majestätisch!" Siggi, der daneben saß, nickte – und niemand wunderte sich, woher Rudi diesen seltsamen Ausdruck hatte.

Willa fasste das Vorgehen noch einmal zusammen: „Die Lösung des ‚0-durch-0-Problems' des Differentialquotienten, die Untersuchung seines Kehrwertes, die Beachtung der Logarithmusgesetze, die Berücksichtigung der Stetigkeit der Logarithmusfunktion und die Erinnerung an eine der Definitionen der Eulerschen Zahl – das mit Bedacht in der richtigen Reihenfolge zusammengemischt ergab diesen eleganten Beweis. So überlegt mische ich auch meine Zaubertränke zusammen..."
„Die Wirkung ist die gleiche", bestätigte Eddi, „einfach berauschend!"

4.1 Die Ableitung der Exponentialfunktion, zum zweiten und ganz kurz

Knapper, kürzer, klarer – so kann man das Problem des „limes" auch lösen. Wen Sie mit einer sog. „Potenzreihendarstellung" vertraut sind, dann kann die Funktion e^x auch so geschrieben werden:

$$e^x = \sum_{n=0}^{\infty} \frac{x^n}{n!} = 1 + x + \frac{x^2}{2} + \frac{x^3}{3!} + \frac{x^4}{4!} + \dots$$

Dabei haben die ersten drei (nur scheinbar abweichenden) Glieder natürlich auch die allgemeine Form $x^n/n!$, nur dass sie sich für $n=0$, 1 und 2 ein wenig vereinfachen. Wenn wir damit unseren „Problemfall"

$$\lim_{\Delta x \to 0} \frac{e^{\Delta x} - 1}{\Delta x}$$

berechnen, dann erhalten wir rechts vom „lim" den Ausdruck $1 + \Delta x/2 + \Delta x^2/6 + \dots$ – nach der 1 nur Ausdrücke, die für $\Delta x \to 0$ verschwinden. Übrig bleibt die 1 als Multiplikationsfaktor hinter $y' = e^x$.

Einen kleinen Schönheitsfehler hat der Weg noch – aber *nobody ist perfect*.[3]

Die Ableitung der e-Funktion $y = e^x$ ist also wieder die Funktion $y' = e^x$. Im allgemeinen Fall $y = e^{kx}$ ist $y' = k \cdot e^{kx}$.

4.2 Die Badewannenkurve

Funktionen kann man aus einzelnen Bestandteilen zusammensetzen. Man kann sie entweder addieren oder in einzelnen Intervallen definieren: $y = f_1(x)$ im Intervall $x_1 \leq x \leq x_2$ und dasselbe $y = f_2(x)$ im Intervall $x_2 \leq x \leq x_3$ und so weiter. An den

---

[3] Zuerst zur Einstimmung ein Witz: Über dem Laden eines Optikers hängt ein großes Reklameschild. Unter seinem Namen stehen allerlei Werbesprüche, darunter – aber winzig klein – seine Telefonnummer. Darunter wiederum der Satz: „Wenn Sie das lesen können, brauchen Sie nicht anzurufen" (hier bitte lachen). Diese Pointe kann ich abwandeln: Wenn Ihnen an diesem Beweis etwas merkwürdig vorgekommen ist, hätten Sie das Buch nicht gebraucht. Denn das merken nur wirkliche Kenner: Dieser Beweis benutzt die Potenzreihendarstellung der e-Funktion. Diese ist aber durch Integration der e-Funktion (basierend auf der Tatsache, dass bei $y = e^x$ auch $y = y'$ ist) hergeleitet worden. Was zu beweisen war, wurde zum Beweis benutzt. Quelle: http://mathenexus.zum.de/html/analysis/funktionen_exponential_logarithmus/weiterfuehrendes/EulerZahl_Reihe.htm.

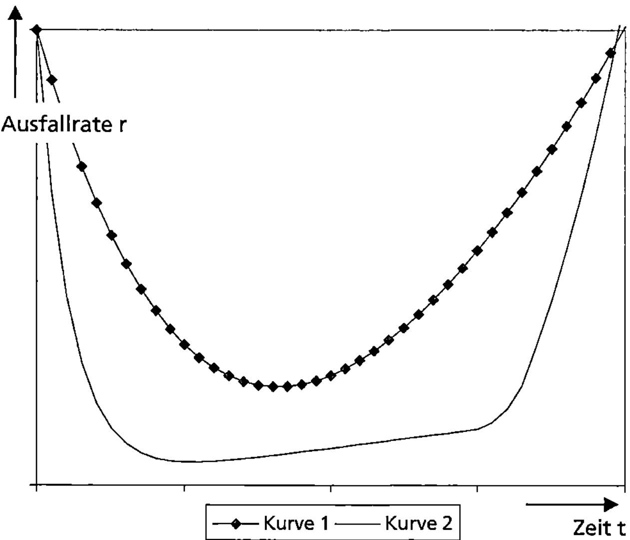

Abb. 4.2 Zwei „Badewannenkurven" im Vergleich

Anschlussstellen (z. B. x_2) muss sie natürlich bestimmte Bedingungen der Stetigkeit erfüllen: $f_1(x_2) = f_2(x_2)$ und für ihre Ableitungen y' ebenfalls. Da bietet sich die e-Funktion natürlich an, da bei ihr $y = y'$ erfüllt ist, wie wir gerade gesehen und bewiesen haben. So kann z. B. eine „Badewannenkurve" entstehen. Die Badewannenkurve ist eher unter dem Fachbegriff „Ausfallverteilung" bekannt. Zwei Beispiele sehen Sie in Abb. 4.2.

Das kommt Ihnen bekannt vor? Natürlich kommt Ihnen das bekannt vor. Es ist der charakteristische Verlauf der Fehlerhäufigkeit bei Industrieprodukten. Die Skalierung der Achsen tut hier nichts zur Sache. Es sind überlagerte e-Funktionen. Der linke Zweig (die „Kinderkrankheiten") ist möglicherweise leicht zu erkennen: eine Abklingfunktion $y_1 = e^{-at}$. Die Exponentialverteilung ist eine typische Lebensdauerverteilung. Beispielsweise ist die Lebensdauer von elektronischen Bauelementen häufig annähernd exponentialverteilt. Hierbei spielt besonders die „Gedächtnislosigkeit" von Zufallsprozessen eine bedeutende Rolle: Die Wahrscheinlichkeit, dass ein t Tage altes Bauelement noch mindestens t Tage hält, ist demnach genauso groß wie die, dass ein neues Bauelement überhaupt t Tage hält. Charakteristisch bei der Exponentialverteilung ist die konstante Ausfallrate λ (Ausfälle pro Zeit t), deren Kehrwert als Konstante a im Exponenten steht: $a = 1/\lambda$. Auf Lebewesen darf diese Aussage natürlich nicht angewendet werden, sonst wäre zum Beispiel die Wahrscheinlichkeit, dass ein Achtzigjähriger noch weitere fünfzig Jahre lebt, genauso hoch wie die, dass ein Neugeborener das fünfzigste Lebensjahr erreicht.

Nehmen wir als Beispiel eine Elektronikfirma, die Funkwecker produziert. Im Rahmen der Qualitätssicherung wurde festgestellt, dass durchschnittlich pro Tag 5 Promille der Wecker ausfallen – unabhängig von ihrem Alter.

Die Zufallsgröße t = „Zeitdauer der Funktionsfähigkeit eines Funkweckers in Tagen" ist also exponentialverteilt mit der Ausfallrate $\lambda = 0{,}005$. Entsprechend beträgt die durchschnittliche Zeitdauer, bis ein Wecker ausfällt, $1/\lambda = 200$ Tage. Dann ist die Wahrscheinlichkeit, dass ein Wecker höchstens (noch) 20 Tage hält, also $1 - e^{-0{,}005 \cdot 20} = 0{,}0952$; d. h. nach 20 Tagen sind durchschnittlich ca. 10 % der Wecker ausgefallen. Entsprechend ist der Anteil der Wecker, die mindestens 180 Tage aushalten, $1 - (1 - e^{-0{,}005 \cdot 180}) = 1 - 0{,}5934 = 0{,}4066$; also halten durchschnittlich ca. 40 % der Wecker länger als 180 Tage.[4] Über die Qualität dieses Produktes wollen wir kein Wort verlieren, *made in Germany* ist es hoffentlich nicht.

Doch das ist nur die Hälfte der Geschichte und der Kurve. Denn sie hat Alterungserscheinungen nicht berücksichtigt. In Kurve 1 der Abb. 4.2 gehen beide Effekte nahtlos ineinander über. Additiv überlagert ist dort eine weitere e-Funktion $y_2 = e^{bt}$, die in der Konstanten b die Ausfallraten aufgrund der Alterung berücksichtigt. Ihre Rechenbeispiele sähen ähnlich aus, deswegen können wir sie uns hier sparen. Bei Kurve 2 ist zwischen den Kinderkrankheiten und den Alterserscheinungen eine Periode der niedrigen Ausfallswahrscheinlichkeit zu sehen, wie wir sie jedem Menschen wünschen. Bei technischen Teilen ist das eine nahezu konstante geringe Störungsrate, die man als Zufallsausfälle betrachten kann. Trotzdem legt der anschließende steile Anstieg der Fehlerrate aufgrund der Alterung die (bösartige, aber vielleicht nicht unberechtigte) Vermutung nahe, die Begrenzung der Lebensdauer sei in den industriellen Fertigungsprozess bereite „eingebaut".

Bleibt aus mathematischer Sicht anzumerken, dass jede Funktion $y = f_1(x) + f_2(x) + f_3(x) + \ldots$, die aus überlagerten Einzelteilen besteht, natürlich auch in Teilen differenziert werden kann: $y' = f'_1(x) + f'_2(x) + f'_3(x) + \ldots$

4.3   Elementare Funktionen und ihre 1. Ableitung

Macht man sich die Mühe, mit der „h-Methode" alle ersten Ableitungen y' der bekanntesten Funktionen („elementare Funktionen") zu bestimmen, dann hat man eine Menge zu tun. Erfreulicherweise konnten wir das an viele große und weniger große Mathematiker delegieren, die eine komplette Liste der Ableitungen erstellt haben. Sie haben sich auch mit Problemen der „Differenzierbarkeit" herumge-

---

[4] Quelle (z. T. wörtlich): http://de.wikipedia.org/wiki/Exponentialverteilung#Anwendungsbeispiel.

schlagen: Funktionen, die an einigen Stellen nicht oder überhaupt nicht abgeleitet werden können. Ein einfaches Beispiel ist $y=\sqrt{x}$ an der Stelle $x=0$: Die Tangente verläuft dort vertikal, denn die 1. Ableitung ist $1/2\sqrt{x}$. Bei $x=0$ ist der Nenner von y' also null und die Steigung bzw. das Gefälle ist ∞. Trickreicher sind Funktionen wie $y=x\cdot\sin(1/x)$ an der Stelle $x=0$: Ihr Grenzwert an der Stelle 0 ist 0, d. h. dieser Grenzwert existiert. Aber an der Stelle $x=0$ hat diese Funktion ebenfalls keine Ableitung – der Limes des Differentialquotienten existiert an dieser Stelle nicht!

Zu beachten ist jedoch: Um eine Ableitung zu haben, muss eine Funktion an einer Stelle überhaupt definiert sein. Ist sie dort nicht definiert (wie z. B. die Hyperbel $y=1/x$ bei $x=0$), dann macht die Frage nach der Ableitung keinen Sinn.

In Abb. 4.3 können Sie sich einen repräsentativen Auszug aus dieser Liste anschauen. Einige Einzelfälle, die sich eigentlich aus der allgemeinen Formel ergeben (wie z. B. die Ableitung von $y=x^1$) sind zur besseren Übersicht getrennt aufgeführt.

Abb. 4.3 Elementare Funktionen und ihre 1. Ableitung

Funktion $y(x)$	1. Ableitung $y'(x)$
c (Konstante)	0
x	1
x^n	$n\cdot x^{n-1}$
$\dfrac{1}{x}$	$-\dfrac{1}{x^2}$
$\dfrac{1}{x^n}$	$-\dfrac{n}{x^{n+1}}$
$\sqrt{x}$	$\dfrac{1}{2\sqrt{x}}$
$\sqrt[n]{x}$	$\dfrac{1}{n\sqrt[n]{x^{n-1}}}$
e^x	e^x
$\ln x$	$1/x$
$\sin x$	$\cos x$
$\cos x$	$-\sin x$
$\tan x$	$1/\cos^2 x$

Es wird Sie nicht verwundern, dass Mathematiker diese Tabelle mehr oder wenigen auswendig können.[5] Das ist in jedem Beruf so: Womit man ständig zu tun hat, das muss man nicht mühsam irgendwo nachschlagen. Deswegen ist übermäßige Bewunderung an dieser Stelle („dass man sich so etwas merken kann!") auch nicht angebracht.

---

[5] Mehr dazu z. B. in http://de.wikipedia.org/wiki/Tabelle_von_Ableitungs-_und_Stammfunktionen. Zur Not erledigt es auch das Internet für Sie: Funktion eingeben, Ableitung erscheint! (http://www.calc101.com/webMathematica/Ableitungen.jsp)

Zusammenfassung: dieses Essential in Kürze

5

Die Differentialrechnung erblickte ja als „Infinitesimalrechnung" das Licht der Welt. Beides sind Zungenbrecher, die Laien erst einmal abschrecken. Geht man der „Erfindung" (oder „Findung"?) der beiden Konkurrenten Isaac Newton und Gottfried Wilhelm Leibniz auf den Grund, dann entdeckt man einfache Zusammenhänge mit bedeutsamen Auswirkungen. Es ist „eigentlich" (ein Wort, das man eigentlich nicht verwenden sollte) nur das seit der Antike bekannte Tangentenproblem: Wie bestimmt man die Steigung einer Kurve $y = f(x)$ – und damit die Richtung der Tangente und damit die Änderungstendenz?

Man robbt sich gewissermaßen heran. Das heißt: Wir erreichen einen festen Grenzwert, wenn wir zwei nebeneinander liegende Punkte auf der Kurve $y = f(x + h)$ und $f(x)$ dadurch aufeinander zuwandern lassen, dass wir das h (das wir auch Δx genannt haben) gegen 0 gehen lassen. So entsteht die „1. Ableitung" y'. Diese ist aber wiederum eine Funktion von x und muss sich ggf. ihrerseits diese Prozedur gefallen lassen. Dann haben wir die „2. Ableitung" y''. Diese ist aber wiederum... und so weiter. Nur einen Punkt muss man umschiffen, eine bekannte Falle: Das Δx bzw. h taucht auch im Nenner der Tangentensteigung auf, also muss man eine Division durch 0 vermeiden. Das ist nicht immer ganz einfach, aber wir haben ja inzwischen Routine.

Diese Routine führt auch dazu, dass sich Ableitungsregeln gebildet haben, z. B. die für Polynome. Ausnahmen „weiß man einfach" oder kann sie nachlesen. Ebenfalls nachlesen kann man einen Haufen von Regeln für die Praxis, von der „Summenregel" über die „Kettenregel" bis zur „Umkehrregel". Wichtig ist das Prinzip. Und die zahllosen Anwendungen, von der theoretischen „Kurvendiskussion"

© Springer Fachmedien Wiesbaden 2014
J. Beetz, *Differentialrechnung für Höhlenmenschen und andere Anfänger,*
essentials, DOI 10.1007/978-3-658-08485-1_5

(die natürlich ebenfalls praktische Auswirkungen hat) bis zu einer wirklich unübersehbaren Menge von Fragestellungen, die sich damit beantworten lassen. Doch das ist nur eine Seite dieser Goldmünze – die andere ist ebenso golden. Denn es gibt eine „Umkehrung der Differentialrechnung" – die Integralrechnung.

Doch das ist Bestandteil des nächsten „Essentials".

Was Sie aus diesem Essential mitnehmen können

In dieser Einführung in die Differentialrechnung haben Sie (verpackt in Geschichten und Dialoge aus der Steinzeit)...

- das Differential als Maß für die Veränderung einer Funktion kennen gelernt,
- die Praxis der Differentialrechnung an verschiedenen Beispielen und einer „Kurvendiskussion" gesehen und
- die besonderen Eigenschaften der Exponentialfunktion und verschiedene Ableitungen elementarer Funktionen kennen gelernt.

© Springer Fachmedien Wiesbaden 2014
J. Beetz, *Differentialrechnung für Höhlenmenschen und andere Anfänger,*
essentials, DOI 10.1007/978-3-658-08485-1

Anmerkungen

Für weiterführende Informationen kann mit folgenden Stichwörtern (gefolgt von der Seitennummer im Text) im Internet in Suchmaschinen wie *Google®*, in Ausbildungsportalen wie *Khan Academy®* oder Enzyklopädien wie *Wikipedia®* gesucht werden (aber auch z. B. in „Matroids Matheplanet" http://matheplanet.com/). In *Wikipedia* sind Begriffe oft zur Unterscheidung verschiedener Sachgebiete mit dem Zusatz „(Mathematik)" gekennzeichnet.

An dieser Stelle passt auch ein Zitat über das Zitieren:

> Bei dem, was ich mir ausborge, achte man darauf, ob ich zu wählen wusste, was meinen Gedanken ins Licht rückt. Denn ich lasse andere das sagen, was ich nicht so gut zu sagen vermag, manchmal aus Schwäche meiner Sprache, manchmal aus Schwäche meines Verstandes. Ich zähle meine Anleihen nicht, ich wäge sie. Und hätte ich eine Ehre im Zitatenreichtum gesucht, so hätte ich mir zweimal soviel aufladen können.
>
> Michel de Montaigne, Essais II, 10 (Über die Bücher)

© Springer Fachmedien Wiesbaden 2014 35
J. Beetz, *Differentialrechnung für Höhlenmenschen und andere Anfänger*,
essentials, DOI 10.1007/978-3-658-08485-1

Literatur

Beetz J (2012) 1 + 1 = 10. Mathematik für Höhlenmenschen. Springer, Heidelberg

Beetz J (2014) Algebra für Höhlenmenschen und andere Anfänger: Eine Einführung in die Grundlagen der Mathematik. Springer essential, Heidelberg

Beetz J (2014) Funktionen für Höhlenmenschen und andere Anfänger: Koordinatensysteme zur Darstellung von Abhängigkeiten in der Mathematik. Springer essential, Heidelberg

Beetz J (2015) Integralrechnung für Höhlenmenschen und andere Anfänger – Die Berechnung von Flächen und Lösung von Differentialgleichungen. Springer essential, Heidelberg

Bronstein I, Mühlig H, Musiol G, Semendjajew K (2013) Taschenbuch der Mathematik (Bronstein), 9. Aufl. Europa-Lehrmittel, Haan-Gruiten

Forster O (2012) Analysis 1: Differential- und Integralrechnung einer Veränderlichen (Grundkurs Mathematik). Springer Fachmedien, Wiesbaden

Kusch L, Jung H, Klein U, Rosenthal H-J (1993) Kusch: Mathematik – Aktuelle Ausgabe: Mathematik, Neuausgabe, Bd. 3, Differentialrechnung. Cornelsen Lernhilfen, Berlin

Livio M (2010) Ist Gott ein Mathematiker? Warum das Buch der Natur in der Sprache der Mathematik geschrieben ist. C.H. Beck, München

Papula L (2011) Mathematik für Ingenieure und Naturwissenschaftler Band 1: Ein Lehr- und Arbeitsbuch für das Grundstudium. Vieweg+Teubner Verlag, Wiesbaden

Sigg T (2012) Grundlagen der Differenzialgleichungen für Dummies. Wiley-VCH Verlag, Weinheim

© Springer Fachmedien Wiesbaden 2014

J. Beetz, *Differentialrechnung für Höhlenmenschen und andere Anfänger,*
essentials, DOI 10.1007/978-3-658-08485-1